AF877802

BERICHTE ÜBER DIE VERHANDLUNGEN DER SÄCHSISCHEN
AKADEMIE DER WISSENSCHAFTEN ZU LEIPZIG
Mathematisch-naturwissenschaftliche Klasse
Band 97 · Heft 8

HELMAR KRUPP

BESTIMMUNG DER ALLGEMEINEN LÖSUNG DER SCHRÖDINGER-GLEICHUNG FÜR COULOMB-POTENTIAL

1950

AKADEMIE-VERLAG · BERLIN

BERICHTE ÜBER DIE VERHANDLUNGEN DER SÄCHSISCHEN AKADEMIE DER WISSENSCHAFTEN ZU LEIPZIG

Mathematisch-naturwissenschaftliche Klasse

Band 97 · Heft 8

HELMAR KRUPP

BESTIMMUNG DER ALLGEMEINEN LÖSUNG DER SCHRÖDINGER-GLEICHUNG FÜR COULOMB-POTENTIAL

1950

AKADEMIE-VERLAG · BERLIN

Vorgelegt von Herrn F. Hund
in der Sitzung vom 12. Dezember 1949
Manuskript eingeliefert am 15. Jan. 1950
Druckreif erklärt am 19. Juli 1950

Erschienen im Akademie-Verlag GmbH., Berlin NW 7, Schiffbauerdamm 19
Lizenz Nr. 156 · 100/21/50
Satz und Druck Buchdruckerei Oswald Schmidt GmbH., Leipzig M 118
Bestell- und Verlagsnummer: 2027/97/8
Preis: DM 5,50

Aufgabenstellung

Die SCHRÖDINGER-Gleichung des Wasserstoffatoms lautet nach Abseparierung der Winkelabhängigkeit:

$$\frac{d^2}{dr^2} R(r) + \frac{2}{r} \frac{d}{dr} R(r) + \left[\frac{2m}{\hbar^2}\left(E + \frac{e^2}{r}\right) - \frac{l(l+1)}{r^2}\right] R(r) = 0 .$$

Übergang zu atomaren Einheiten und Einführung der Energiequantenzahl n durch $E = -1/2n^2$ liefert

$$(1) \qquad R''(r) + \frac{2}{r} R'(r) + 2\left[-\frac{1}{2n^2} + \frac{1}{r} - \frac{l(l+1)}{2r^2}\right] R(r) = 0 .$$

Fordert man als Randbedingung, daß $R(r)$ bei $r = 0$ endlich bleibt und daß $R(r) \to 0$, wenn $r \to \infty$, dann erhält man für ganzzahlige n als Lösung von (1) die bekannten Wasserstoff-Eigenfunktionen, die sich multiplikativ aus der Exponentialfunktion, den LAGUERREschen Polynomen und einer Potenz von r zusammensetzen.

Bei verschiedenen theoretisch-physikalischen Problemen lassen sich die Atomeigenfunktionen in größeren Kernabständen durch Lösungen von (1) annähern, die aber im allgemeinen die innere Randbedingung nicht mehr erfüllen (VII). Andere Fragestellungen erfordern solche Lösungen, die der äußeren Randbedingung $\lim_{r \to \infty} R(r) = 0$ nicht genügen. Daher wird im folgenden die allgemeine Lösung von (1) ohne Berücksichtigung von Randbedingungen für beliebige Werte der Parameter n und l bestimmt.

Lösungswege

(vgl. VII und die dort angegebene Literatur)

Die Gleichung (1) kann auf zwei Weisen durch geeignete Substitutionen auf Differentialgleichungen transformiert werden, deren allgemeine Lösungen in der mathematischen Literatur bekannt sind:

a) mit den Substitutionen

$$x = \frac{2 \cdot r}{n} \quad \text{und} \quad R(r) = \bar{R}(x) = \frac{u(x)}{x}$$

erhält man die sog. WHITTAKERsche Differentialgleichung

$$u''(x) + \left[-\frac{1}{4} + \frac{n}{x} - \frac{l(l+1)}{x^2}\right] u(x) = 0 .$$

Die Lösungen dieser Gleichung werden in WHITTAKER-WATSON, „Modern Analysis", III. Aufl., S. 337–351, ausführlich diskutiert.

In der vorliegenden Arbeit wird folgender, für die numerische Auswertung bequemere Weg gewählt:

b) Man setze $x = \frac{2r}{n}$ und $R(r) = \bar{R}(x)$ und substituiere in (1)

$$R(r) \sim r^l e^{-\frac{r}{n}} y\left(\frac{2r}{n}\right).$$

Hierdurch gelangt man zu der konfluenten hypergeometrischen Differentialgleichung (I)

(2) $$x \cdot y'' + (b - x) \cdot y' - a \cdot y = 0$$

mit

$$a = l + 1 - n$$
$$b = 2(l + 1).$$

Nachfolgend wird die allgemeine Lösung von (1) durch Angabe eines Fundamentalsystems von (2) bestimmt.

Die allgemeine Lösung der Differentialgleichung (2)

Durch den Reihenansatz

$$y = x^{\varrho} \sum_{\varkappa=0}^{\infty} c_{\varkappa} x^{\varkappa}$$

erhält man die charakteristische Gleichung

$$\varrho(\varrho + b - 1) = 0$$

und schließlich in bekannter Weise für nichtganzzahlige b das Fundamentalsystem

$$(3)\quad \begin{cases} y_{01} = {}_1F_1(a, b, x) = 1 + \sum\limits_{\varkappa=1}^{\infty} \dfrac{a(a+1)\cdots(a+\varkappa-1)\cdot x^{\varkappa}}{b(b+1)\cdots(b+\varkappa-1)\cdot \varkappa!} \\ y_{02} = x^{1-b}\, {}_1F_1(a-b+1, 2-b, x) \qquad |b| \neq 0, 1, 2, \cdots \quad a \text{ beliebig.} \end{cases}$$

Auf die Wiedergabe der diesbezüglichen elementaren Rechnungen sei verzichtet.

Die Null in den Indizes von $y_{01,2}$ soll andeuten, daß die Reihen (3) Entwicklungen um $x = 0$ darstellen, während die Ziffern 1, 2 die beiden linear unabhängigen Lösungen numerieren.

Zur Konstruktion eines für ganzzahlige b gültigen Fundamentalsystems verwendet man zweckmäßigerweise die sog. Methode von Frobenius (II). Die Durchführung dieses Verfahrens liefert nach etwas umständlichen Rechnungen, die bei Kienast (II) skizziert sind, für positiv-ganzzahlige b-Werte das Fundamentalsystem

$$(4)\quad \begin{cases} y_{01} = {}_1F_1(a, b, x) = 1 + \sum\limits_{\varkappa=1}^{\infty} \dfrac{a(a+1)\cdots(a+\varkappa-1)\, x^{\varkappa}}{b(b+1)\cdots(b+\varkappa-1)\, \varkappa!} \\ y_{02} = \dbinom{a-1}{b-1} \Big[y_{01}(a, b, x) \cdot \ln x \\ \quad + \sum\limits_{\varkappa=1}^{\infty} \dfrac{a(a+1)\cdots(a+\varkappa-1)}{b(b+1)\cdots(b+\varkappa-1)} \dfrac{x^{\varkappa}}{\varkappa!} \sum\limits_{\nu=0}^{\varkappa-1} \Big(\dfrac{1}{a+\nu} - \dfrac{1}{b+\nu} - \dfrac{1}{1+\nu} \Big) \Big] \\ \quad + \dfrac{1}{x^{b-1}} \sum\limits_{\varkappa=0}^{b-2} (-1)^{b-\varkappa} (b-\varkappa-2)! \dbinom{a-b+\varkappa}{\varkappa} x^{\varkappa} \qquad b = 2, 3, \cdots. \end{cases}$$

Das entsprechende Lösungssystem für negativ-ganzzahlige b braucht hier nicht erwähnt zu werden, da für die physikalischen Anwendungen nur positive b-Werte in Betracht kommen.

Für die numerische Berechnung der Funktionen (4) benötigt man eine asymptotische, für große x gültige Darstellung, da die Potenzreihen (3) bzw. (4) schon bei Werten $x \gtrsim 4$ numerisch schlecht konvergieren. Die Bestimmung der asymptotischen Darstellung eines Fundamentalsystems von (2) geschieht in folgender Weise:

Man setze in (2) $x = 1/\xi$ und $y(x) = \eta(\xi)$. Dann ergibt sich die Differentialgleichung

$$\xi^3\eta'' + \left[\xi + (2-b)\xi^2\right]\eta' - a\eta = 0. \tag{5}$$

Der Reihenansatz

$$\eta(\xi) = \sum_{\varkappa=0}^{\infty} c_\varkappa \xi^{\varkappa+\varrho}$$

liefert nach Einsetzen in (5) zur $c_\varkappa$-Bestimmung die Rekursionsformel

$$(\varkappa + \varrho - 1)(\varkappa + \varrho - b)\, c_{\varkappa-1} + (\varkappa + \varrho - a) c_\varkappa = 0.$$

Bei $\varkappa = 0$ erhält man $\varrho = a$; und mit $c_0 = 1$ wird

$$c_\varkappa = (-1)^\varkappa \frac{a(a+1)\cdots(a+\varkappa-1)(a-b+1)(a-b+2)\cdots(a-b+\varkappa)}{\varkappa!}$$

(2) wird also durch die Potenzreihe

$$\left\{\begin{aligned} y_{\infty 1} &\simeq x^{-a}\left[1 + \sum_{\varkappa=1}^{\infty} \frac{a(a+1)\cdots(a+\varkappa-1)(a-b+1)\cdots(a-b+\varkappa)}{\varkappa!\,(-x)^\varkappa}\right] \\ &= x^{-a}\,{}_2F_0\left(a, a-b+1, -\frac{1}{x}\right) \end{aligned}\right. \tag{6}$$

formal befriedigt. Nach J. HORN (III) existiert eine zweite solche „THOMÉsche Normalreihe" von der Gestalt

$$y_{\infty 2} \simeq e^x \cdot x^c \sum_{\varkappa=0}^{\infty} d_\varkappa x^{-\varkappa}.$$

Mit Hilfe des voranstehenden Rechenverfahrens lassen sich c und die Koeffizienten $d_\varkappa$ leicht bestimmen. Man erhält

(6a) $$y_{\infty 2} \simeq e^x x^{a-b} {}_2F_0\left(b-a, 1-a, \frac{1}{x}\right).$$

Die beiden Reihen $y_{\infty 1,2}$ sind divergent, wie man z. B. an Hand des Quotientenkriteriums feststellen kann. Die Divergenz der Reihen folgt u. a. aus der Tatsache, daß sie Entwicklungen um eine singuläre Stelle der Unbestimmtheit der Differentialgleichung (2) bzw. (5) darstellen.

Für das Folgende werde – der physikalischen Natur der Gleichung (1) entsprechend – Realität von x vorausgesetzt. Dann sind alle Bedingungen eines Satzes von Horn (III) erfüllt, der besagt, daß die Reihen (6) für große x ein Fundamentalsystem von (2) asymptotisch darstellen. Dabei geht der Fehler von ${}_2F_0$, der durch Abbrechen nach dem k-ten Gliede entsteht, mit mindestens der gleichen Ordnung wie x^{-k} gegen Null.

Zusammenhangsformeln zwischen dem durch (6) dargestellten Fundamentalsystem und den Lösungen (3) bzw. (4)

Durch die Reihen (6) wird ein Fundamentalsystem von (2) für große x asymptotisch dargestellt, das sich in bestimmter Weise aus den beiden Lösungen (3) bzw. (4) zusammensetzen muß.

Unter Beschränkung auf reelle x sei zunächst der Fall nichtganzzahliger b-Werte betrachtet. Mit den Hilfsmitteln der Funktionentheorie hat Barnes (IV) folgende Zusammenhangsformeln abgeleitet:

$${}_1F_1(a, b, x) \simeq \frac{e^x \Gamma(b)}{x^{b-a}\Gamma(a)} {}_2F_0\left(b-a, 1-a, \frac{1}{x}\right)$$

$$\Gamma(a)\Gamma(1-b)\, {}_1F_1(a, b, x) + \Gamma(a-b+1)\Gamma(b-1)\, x^{1-b} \cdot {}_1F_1(a-b+1, 2-b, x) \simeq \Gamma(a)\Gamma(a-b+1)\, x^{-a}\, {}_2F_0\left(a, a-b+1, -\frac{1}{x}\right).$$

Auflösung nach $y_{01,2}$ gibt

$$(7)\quad \begin{cases} {}_1F_1(a,b,x) \simeq \dfrac{\Pi(b-1)}{\Pi(a-1)} \dfrac{e^x}{x^{b-a}} {}_2F_0\left(b-a, 1-a, \dfrac{1}{x}\right) \\ y_{02} \simeq \dfrac{\Pi(a-1)}{\Pi(b-2)} y_{\infty 1} + \dfrac{\Pi(1-b)}{\Pi(a-b)} y_{\infty 2} \qquad |b| \neq 0, 1, 2, \cdots . \end{cases}$$

Übergang zu ganzzahlig-positiven b-Werten

Man erkennt unmittelbar, daß die erste Gleichung (7) auch bei ganzzahligem b gültig bleibt, wenn man negativ-ganzzahlige a-Werte und den Fall $a = 0$ und $b = 0$ ausschließt. Aus (7) erhält man weiter:

$$(8)\quad y_{\infty 1} \simeq \frac{\Pi(-b)}{\Pi(a-b)} y_{01} + \frac{\Pi(b-2)}{\Pi(a-1)} y_{02}, \quad \text{wobei } \Pi(\alpha) \equiv \Gamma(\alpha+1).$$

Da der Ausdruck der linken Seite für beliebige Parameterwerte Gültigkeit behält, muß auch auf der rechten Seite ein Grenzübergang zu ganzzahligen b-Werten möglich sein (II), indem man den entstehenden unbestimmten Ausdruck nach bekannten Regeln der Differentialrechnung auswertet. (8) ist äquivalent der Gleichung

$$y_{\infty 1} \simeq \Pi(-b)\left[\frac{1}{\Pi(a-b)} \sum_{\varkappa=0}^{\infty} \frac{a(a+1)\cdots(a+\varkappa-1)\,x^\varkappa}{b(b+1)\cdots(b+\varkappa-1)\,\varkappa!} - \frac{\Pi(b-1)}{\Pi(a-1)} x^{1-b} \sum_{\varkappa=0}^{\infty} \frac{(a-b+1)\cdots(a-b+\varkappa)\,x^\varkappa}{\Pi(1-b+\varkappa)\,\varkappa!}\right]$$

und mit Hilfe der Beziehung $\Pi(-b) = \pi/\Pi(b-1)\sin\pi b$ folgt

$$y_{\infty 1} \simeq \left\{\frac{1}{\Pi(b-1)\,\Pi(a-b)} \sum_{\varkappa=0}^{\infty} \frac{a(a+1)\cdots(a+\varkappa-1)\,x^\varkappa}{b(b+1)\cdots(b+\varkappa-1)\,\varkappa!} - \frac{x^{1-b}}{\Pi(a-1)} \sum_{\varkappa=0}^{\infty} \frac{(a-b+1)\cdots(a-b+\varkappa)\,x^\varkappa}{\Pi(1-b+\varkappa)\,\varkappa!}\right\} \Bigg/ \frac{1}{\pi}\sin\pi b$$

Bei direktem Grenzübergang zu ganzzahligem b ergäbe sich ein unbestimmter Ausdruck der Art 0/0. Daher differenziert man Zähler und Nenner nach b:

$$y_{\infty 1} \to (-1)^b \left\{ \frac{\Psi(a-b) - \Psi(b-1)}{\Pi(a-b)\,\Pi(b-1)}\, y_{01} \right.$$

$$- \frac{1}{\Pi(a-b)\,\Pi(b-1)} \sum_{\varkappa=0}^{\infty} \frac{a(a+1)\cdots(a+\varkappa-1)\,x^\varkappa}{b(b+1)\cdots(b+\varkappa-1)\,\varkappa!} \left(\frac{1}{b} + \frac{1}{b+1} + \cdots + \frac{1}{b+\varkappa-1}\right)$$

$$+ \frac{x^{1-b}\ln x}{\Pi(a-1)} \sum_{\varkappa=0}^{\infty} \frac{(a-b+1)\cdots(a-b+\varkappa)\,x^\varkappa}{\Pi(1-b+\varkappa)\,\varkappa!}$$

$$+ \frac{x^{1-b}}{\Pi(a-1)} \sum_{\varkappa=0}^{\infty} \frac{(a-b+1)\cdots(a-b+\varkappa)\,x^\varkappa}{\Pi(1-b+\varkappa)\,\varkappa!}$$

$$\left. \cdot \left[\frac{1}{a-b+1} + \frac{1}{a-b+2} + \cdots + \frac{1}{a-b+\varkappa} - \Psi(1-b+\varkappa)\right] \right\}.$$

Die Bezeichnungsweise der Gammafunktion und ihrer logarithmischen Ableitung ist in Übereinstimmung mit JAHNKE-EMDE, „Funktionentafeln", III. Aufl., S. 9–19, gewählt. Auch die benutzten Umrechnungsformeln sind dort angegeben.

Gliedweise geschieht jetzt der Übergang zu ganzzahligen b-Werten:

$$y_{\infty 1} \to (-1)^b \left\{ \frac{\Psi(a-b) - \Psi(b-1)}{\Pi(a-b)\,\Pi(b-1)}\, y_{01} \right.$$

$$+ \frac{1}{\Pi(a-b)\,\Pi(b-1)} \left[\sum_{\varkappa=1}^{\infty} \frac{a(a+1)\cdots(a+\varkappa-1)\,x^\varkappa}{b(b+1)\cdots(b+\varkappa-1)\,\varkappa!} \sum_{\nu=0}^{\varkappa-1} \left(\frac{1}{a+\nu} - \frac{1}{b+\nu} - \frac{1}{1+\nu}\right) \right.$$

$$\left. + \left(\frac{1}{a-b+1} + \frac{1}{a-b+2} + \cdots + \frac{1}{a-1}\right) y_{01} \right] + \frac{\ln x}{\Pi(a-1)\,\Pi(b-1)}\, y_{01}$$

$$\left. - \frac{x^{1-b}}{\Pi(a-1)} \sum_{\varkappa=0}^{b-2} \frac{(a-b+1)\cdots(a-b+\varkappa)\,x^\varkappa}{\Pi(1-b+\varkappa)\,\varkappa!}\, \Psi(1-b+\varkappa) \right\}.$$

In der letzten Summe steht:

$$\frac{\Psi(1-b+\varkappa)}{\Pi(1-b+\varkappa)} = \frac{1}{\pi} \left[\Psi(b-\varkappa-2) + \pi \operatorname{ctg} \pi (b-\varkappa-1)\right]$$

$$\cdot \Pi(b-\varkappa-2) \sin \pi (b-\varkappa-1)$$

$$\to \Pi(b-\varkappa-2) \cos \pi (b-\varkappa-1) = -(-1)^{b-\varkappa}\, \Pi(b-\varkappa-2).$$

Die letzte Summe wird dann

$$\frac{x^{1-b}}{\Pi(a-1)}\sum_{\varkappa=0}^{b-2}(-1)^{b-\varkappa}(a-b+1)\cdots(a-b+\varkappa)\frac{x^\varkappa}{\varkappa!}(b-2-\varkappa)!$$

und man erhält schließlich

$$y_{\infty 1}\simeq(-1)^b\left\{\frac{C+\Psi(a-1)-\Psi(b-1)}{\Pi(b-1)\,\Pi(a-b)}\,y_{01}+\frac{y_{02}}{\Pi(a-1)}\right\}.$$

Zusammen mit (7) ergibt sich folgender Zusammenhang zwischen den Lösungen (4) und (6):

$$(9)\quad\begin{cases} y_{01}(a,b,x)\simeq\dfrac{\Gamma(b)}{\Gamma(a)}\,y_{\infty 2}(a,b,x)\\ y_{02}(a,b,x)\simeq(-1)^b\Gamma(a)\,y_{\infty 1}-\dfrac{C+\Psi(a-1)-\Psi(b-1)}{\Gamma(a-b+1)}\,y_{\infty 2}\\ b=2,3,4,\cdots\qquad a\neq b-1,b-2,\cdots,1,0,\cdots.\end{cases}$$

Zusammenhangsformeln für den Fall $a=0,-1,-2\cdots$ und $b=2,3\cdots$

Man bemerkt, daß die Reihen y_{01} und $y_{\infty 1}$ für diese Parameterwerte nach $(1-a)$ Gliedern abbrechen. Der Ansatz $y_{01}=\text{constans}\cdot y_{\infty 1}$ liefert daher durch Vergleich der Koeffizienten gleicher Potenzen von x die Zusammenhangsformel

$$(10)\qquad y_{01}\simeq(-1)^a\frac{\Gamma(b)}{\Gamma(b-a)}\,y_{\infty 1}.$$

Die entsprechende asymptotische Entwicklung von y_{02} erhält man durch Ausführung geeigneter Grenzübergänge an den Formeln (7). Zunächst gilt

$$y_{\infty 2}\simeq\frac{\Pi(a-b)}{\Pi(1-b)}\left[y_{02}-\frac{\Pi(a-1)}{\Pi(b-2)}\,y_{\infty 1}\right].$$

Übergang zu $a=0,\,-1,\,\ldots$ liefert

$$\frac{\Pi(a-1)}{\Pi(b-2)}=\frac{\Pi(1-b)}{\Pi(-a)}\,\frac{\sin\pi(2-b)}{\sin\pi(1-a)}\to(-1)^{b+a+1}\,\frac{\Pi(1-b)}{\Pi(-a)},$$

wenn man bei $\sin\pi(2-b)/\sin\pi(1-a)$ gleichzeitig noch b gegen 2, 3, ... gehen läßt. Mit (10) kann man schreiben

$$y_{\infty 2} \to \frac{\Pi(a-b)}{\Pi(1-b)}\left[y_{02} + (-1)^b \frac{\Pi(1-b)\,\Pi(b-a-1)}{\Pi(-a)\,\Pi(b-1)}\, y_{01}\right]$$

$$y_{\infty 2} \to \frac{\Pi(a-b)}{\Pi(1-b)}$$

$$\left\{\frac{x^{1-b}\sum\limits_{\varkappa=0}^{\infty}\frac{(a-b+1)\cdots(a-b+\varkappa)\,x^\varkappa}{\Pi(1-b+\varkappa)\,\varkappa!} - \frac{(-1)^{b-1}\,\Pi(b-a-1)}{\Pi(-a)\,\Pi(b-1)}\,y_{01}}{1/\Pi(1-b)}\right\}.$$

Grenzübergang zu ganzzahligen b-Werten gibt für den ersten Faktor

$$\frac{\Pi(a-b)}{\Pi(1-b)} \to (-1)^{a+1}\frac{\Pi(b-2)}{\Pi(b-a-1)}.$$

Der zweite Faktor wird wieder durch Differentiation von Zähler und Nenner nach b ausgewertet. Nach Rechnungen, die denen von S. 9 analog sind, erhält man:

$$\begin{aligned} y_{\infty 2} \to \frac{(-1)^{a+b}}{\Pi(b-a-1)}\Bigg\{ & -x^{1-b}\ln x \sum_{\varkappa=0}^{\infty}\frac{(a-b+1)\cdots(a-b+\varkappa)x^\varkappa}{\Pi(1-b+\varkappa)\,\varkappa!} \\ & - x^{1-b}\sum_{\varkappa=0}^{\infty}\frac{(a-b+1)\cdots(a-b+\varkappa)\,x^\varkappa}{\Pi(1-b+\varkappa)\,\varkappa!} \\ & \cdot\left[\frac{1}{a-b+1}+\cdots+\frac{1}{a-b+\varkappa} - \Psi(1-b+\varkappa)\right] \\ & - \frac{(-1)^{b+1}\,\Pi(b-a-1)}{\Pi(-a)\,\Pi(b-1)}\Bigg[\big[\Psi(b-a-1)-\Psi(b-1)\big]\,y_{01} \\ & - \sum_{\varkappa=1}^{\infty}\frac{a(a+1)\cdots(a+\varkappa-1)\,x^\varkappa}{b(b+1)\cdots(b+\varkappa-1)\,\varkappa!}\left(\sum_{\nu=0}^{\varkappa-1}\frac{1}{b+\nu}\right)\Bigg]\Bigg\}. \end{aligned}$$

In der geschweiften Klammer gehe jetzt b gegen 2, 3, ...

$$\begin{aligned} \{\} \to & -\binom{a-1}{b-1}\cdot\ln x\cdot y_{01} - \sum_{\varkappa=0}^{b-2}(-1)^{b-\varkappa}\binom{a-b+\varkappa}{\varkappa}\cdot(b-\varkappa-2)!\,x^{\varkappa+1-b} \\ & -\binom{a-1}{b-1}\left[C+\Psi(-a)-\Psi(b-a-1)\right]y_{01} \end{aligned}$$

$$-\binom{a-1}{b-1}\sum_{\varkappa=1}^{\infty}\frac{a\cdots(a+\varkappa-1)\,x^{\varkappa}}{b\cdots(b+\varkappa-1)\,\varkappa!}\left(\sum_{\nu=0}^{\varkappa-1}\frac{1}{a+\nu}-\frac{1}{1+\nu}\right)$$

$$-\binom{a-1}{b-1}\Big[[\Psi(b-a-1)-\Psi(b-1)]\,y_{01}$$

$$-\sum_{\varkappa=1}^{\infty}\frac{a\cdots(a+\varkappa-1)\cdot x^{\varkappa}}{b\cdots(b+\varkappa-1)\cdot\varkappa!}\left(\sum_{\nu=0}^{\varkappa-1}\frac{1}{b+\nu}\right)\Big].$$

Man erhält schließlich

$$(11)\quad\begin{cases} y_{01}\cong(-1)^{a}\dfrac{\Gamma(b)}{\Gamma(b-a)}\,y_{\infty 1}\\ y_{02}\cong(-1)^{a+b}\left[\dfrac{C+\Psi(-a)-\Psi(b-1)}{\Pi(-a)}\,y_{\infty 1}-\Gamma(b-a)\,y_{\infty 2}\right].\\ \qquad a=0,-1,-2,\cdots\quad b=2,3,4,\cdots. \end{cases}$$

Auswahl eines Fundamentalsystems und Normierung

Wegen des singulären Verhaltens der zweiten Lösung (4) am Nullpunkt lassen sich die üblichen Normierungsvorschriften nicht anwenden. Daher wird die endgültige Auswahl des Fundamentalsystems und des offengelassenen Normierungsfaktors (in Hinsicht auf die physikalischen Anwendungen) so getroffen, daß die Bedingungen

$$(12)\quad\begin{cases} \lim\limits_{n\to\infty}\,{}_{1}R(n,l,r)=\dfrac{1}{\sqrt{2r}}\,I_{2l+1}\left(\sqrt{8r}\right)\\ \lim\limits_{n\to\infty}\,{}_{2}R(n,l,r)=\dfrac{1}{\sqrt{2r}}\,N_{2l+1}\left(\sqrt{8r}\right) \end{cases}$$

für $n=\nu/2$ mit $\nu=1,2,3,\ldots$ erfüllt sind.

I_k und N_k sind resp. die BESSEL- und NEUMANNsche Funktion der Ordnung k.

Den Bedingungen (12) genügt folgendes Fundamentalsystem, das den numerischen Rechnungen zugrunde gelegt wird:

$$\boxed{{}_{1,2}R(n,l,r)=\frac{(2r)^{l}}{(2l+1)!}\,e^{-r/n}\,{}_{1,2}M(a,b,x)}\qquad x=2r/n$$

mit

$$(13)\quad {}_1M(a,b,x) \equiv {}_1F_1(a,b,x) \simeq \begin{cases} (-1)^a \dfrac{\Pi(b-1)}{\Pi(b-a-1)}\, y_{\infty 1} \\ \dfrac{\Pi(b-1)}{\Pi(a-1)}\, y_{\infty 2} \end{cases}$$

wobei sich der obere Ausdruck auf den Fall $a = 0, -1, -2, \cdots$, der untere auf $a \neq b-1, b-2, \cdots 1, 0, -1, \cdots$ bezieht.

$$\pi\, {}_2M(a,b,x) = \left[\ln x + C - \Psi(b-1)\right] {}_1M(a,b,x)$$

$$+ \sum_{\varkappa=1}^{\infty} \frac{a\cdots(a+\varkappa-1)\,x^{\varkappa}}{b\cdots(b+\varkappa-1)\,\varkappa!} \sum_{\nu=0}^{\varkappa-1}\left(\frac{1}{a+\nu} - \frac{1}{b+\nu} - \frac{1}{1+\nu}\right)$$

$$+ \frac{x^{1-b}}{\binom{a-1}{b-1}} \sum_{\varkappa=0}^{b-2} (-1)^{\varkappa-b}(b-\varkappa-2)!\binom{a-b+\varkappa}{\varkappa} x^{\varkappa} + \begin{cases} \Psi(-a)\, {}_1M(a,b,x) \\ \Psi(a-1)\, {}_1M(a,b,x) \end{cases}$$

$$\simeq \begin{cases} (-1)^a\, \Pi(-a)\, \Pi(b-1)\, y_{\infty 2} & a = 0, -1, \cdots \\ (-1)^b\, \Pi(b-1)\, \Pi(a-b)\, y_{\infty 1} & a \neq b-1, \cdots, 1, 0, -1, \cdots. \end{cases}$$

Die Wahl von ${}_{1,2}M$ ist so getroffen, daß folgende Rekursionsformeln gelten (I, V, VI):

$$(14)\quad \begin{cases} M_{\alpha,\beta} = M(a+\alpha,\, b+\beta,\, x) \\ x\,M_{11} = b(M_{10} - M_{00}) \\ a\,M_{11} = (a-b)\,M_{01} + b\,M_{00} \\ (a+x)\,M_{11} = M_{01}(a-b) + b\,M_{10} \\ ab\,M_{10} = b(a+x)\,M_{00} - x(b-a)\,M_{01} \\ a\,M_{10} = (x+2a-b)\,M_{00} + (b-a)\,M_{-1,0} \\ (b-a)\,x\,M_{01} = b(x+b-1)\,M_{00} + b(1-b)\,M_{0,-1} \\ \dfrac{d}{dx} M_{00} = \dfrac{a}{b} M_{11} \\ \dfrac{d}{dx} M_{00} - M_{00} = \dfrac{a-b}{b} M_{01} \\ b\dfrac{d}{dx} M_{00} - a M_{00} = \dfrac{a(b-a)}{b(b+1)}\, x M_{12}. \end{cases}$$

Daß ${}_1M$ diesen Formeln genügt, geht aus den zitierten Literaturstellen hervor. Die Gültigkeit für ${}_2M$ läßt sich am schnellsten durch Benutzung der angegebenen asymptotischen Darstellungen nachweisen.

Es sei noch bemerkt, daß der in (13) gewählte Normierungsfaktor durch (12) und (14) nur hinsichtlich reiner Zahlenfaktoren eindeutig bestimmt wird. Die Eindeutigkeit bezüglich geeigneter Ausdrücke in n und l, die bei dem Grenzübergang $n \to \infty$ eins werden, ist nicht gewährleistet. Erhebt man außer (12) und (14) zusätzlich die Forderung größter Einfachheit, dann ist die gewählte Normierung eindeutig festgelegt.

Zusammenstellung der Lösungen der Gleichung (1)

n nichtganzzahlig, $l = 0, 1, 2, \cdots$

$$ {}_1R(n,l,r) = \frac{(2r)^l}{(2l+1)!} e^{-\frac{r}{n}} {}_1F_1\left(l-n+1, 2l+2, \frac{2r}{n}\right) $$

$$ \cong \frac{n^{n+l+1}}{\Gamma(l-n+1)} \frac{e^{r/n}}{(2r)^{n+1}} {}_2F_0\left(n+l+1, n-l, \frac{n}{2r}\right) $$

$$ \pi\, {}_2R(n,l,r) = \frac{(2r)^l}{(2l+1)!} e^{-\frac{r}{n}} $$

$$ \cdot \left[\sum_{\varkappa=1}^{\infty} \frac{(l-n+1)\cdots(l-n+\varkappa)\, x^\varkappa}{(2l+2)\cdots(2l+\varkappa+1)\, \varkappa!} \sum_{\nu=0}^{\varkappa-1} \left(\frac{1}{l-n+1+\nu} - \frac{1}{2(l+1)+\nu} - \frac{1}{1+\nu} \right) \right. $$

$$ \left. + \frac{\sum_{\varkappa=0}^{2l} (2l-\varkappa)! \binom{-\varkappa+n+l+1}{\varkappa} x^\varkappa}{\binom{l-n}{2l+1} x^{2l+1}} \right] $$

$$ + \left[\ln x + C - \Psi(2l+1) + \Psi(l-n)\right] {}_1R(n,l,r) $$

$$ \cong \frac{\Gamma(-n-l)}{n^{n-l-1}} (2r)^{n-1} e^{-\frac{r}{n}} {}_2F_0\left(l-n+1, -n-l, -\frac{n}{2r}\right) $$

$$n=1,2,3,\cdots \qquad l=0,1,2,\cdots$$

$$_1R(n,l,r)=\frac{(2r)^l}{(2l+1)!}e^{-\frac{r}{n}}\;{}_1F_1^{(n-l-1)}\left(l-n+1,2l+2,\frac{2r}{n}\right) \qquad l\leqq n-1$$

$$\cong\frac{(2r)^{n-1}e^{-\frac{r}{n}}}{(n+l)!\,(-n)^{n-l-1}}\;{}_2F_0^{(n-l-1)}\left(l-n+1,-n-l,-\frac{n}{2r}\right)$$

$$\pi\,{}_2R(n,l,r)=\frac{(2r)^l}{(2l+1)!}e^{-\frac{r}{n}}$$

$$\cdot\left[\sum_{\varkappa=1}^{\infty}\frac{(l-n+1)\cdots(l-n+\varkappa)\,x^\varkappa}{(2l+2)\cdots(2l+\varkappa+1)\,\varkappa!}\sum_{\nu=0}^{\varkappa-1}\left(\frac{1}{l-n+1+\nu}-\frac{1}{2(l+1)+\nu}-\frac{1}{1+\nu}\right)\right.$$

$$\left.+\frac{\sum_{\varkappa=0}^{2l}(2l-\varkappa)!\binom{-\varkappa+n+l+1}{\varkappa}x^\varkappa}{\binom{l-n}{2l+1}x^{2l+1}}\right]$$

$$+\left[\ln x+C-\Psi(2l+1)+\Psi(n-l-1)\right]{}_1R(n,l,r)$$

$$\cong(n-l)!\,(-n)^{n+l+1}\frac{e^{r/n}}{(2r)^{n+1}}\,{}_2F_0\left(n+l+1,n-l,\frac{n}{2r}\right)$$

$$_1F_1(u,v,w)\equiv 1+\sum_{\varkappa=1}^{\infty}\frac{u(u+1)\cdots(u+\varkappa-1)\,w^\varkappa}{v(v+1)\cdots(v+\varkappa-1)\,\varkappa!};$$

$$_2F_0(u,v,w)\equiv 1+\sum_{\varkappa=1}^{\infty}\frac{u(u+1)\cdots(u+\varkappa-1)\,v(v+1)\cdots(v+\varkappa-1)\cdot w^\varkappa}{\varkappa!};$$

$$_\alpha F_\beta^{(\gamma)}\equiv 1+\sum_{\varkappa=1}^{\gamma}\cdots$$

Numerische Berechnung der Funktionen $_{1,2}\overline{R}\,(n,\,l,\,x)$

Die Funktionen $_{1,2}\overline{R}$ und deren Ableitungen sind im Bereich $0\leq x\leq 15$ für folgende, in der Tabelle angekreuzten Parameterwerte berechnet worden:

$l \backslash n$	1/2	1	3/2	2	5/2	3	7/2
0	+	+	+	+	+	+	+
1			+	+	+	+	+
2					+	+	+

Der Berechnung von ${}_1\bar{R}$ konnten zwei Wertetafeln der konfluenten hypergeometrischen Funktion (V) (VI) zugrunde gelegt werden. ${}_2\bar{R}$ wurde für $n = 5/2$, 2, 3/2 und 1 ($l = 0$) direkt aus den Reihen (13), für die restlichen Parameterwerte nach den Rekursionsformeln (14) bestimmt.

In der Rechnung wurden im allgemeinen so viele Ziffern mitgeführt, daß die 4. angegebene Stelle noch sicher ist. Im letzten Rechenschritt ist vor der Zahl 5 nur dann aufgerundet worden, wenn sich dadurch eine durch 2 teilbare Zahl ergab.

Zur Erläuterung der nachfolgenden Zahlentafeln: z. B. $-1867{-}5$ lies: $-1867 \cdot 10^{-5} = -0{,}01867$.

Die tabulierten Funktionen sind auch für gewisse technische Probleme von Interesse (V, VIII).

Literaturverzeichnis

[I] E. Kamke, „Differentialgleichungen, Lösungsmethoden und Lösungen", Bd. 1, S. 427—429 und 643ff.

S. 644 ist in der 8. und 9. Zeile je der Faktor $(n - 1)!$ zustreichen.

[II] A. Kienast, „Denkschriften der schweizerischen naturforschenden Gesellschaft", Bd. 57, S. 247ff.

S. 249 in der 9. Zeile von unten ist vor dem Summenzeichen der Faktor $x^{\gamma-1}$ zu streichen.

[III] J. Horn, „Gewöhnliche Differentialgleichungen", 4. Aufl. 1943, S. 193 bis 194.

[IV] E. W. Barnes, „Transactions of the Cambridge Philosophical Society", vol. XX, p. 358—359, 1908.

[V] H. A. Webb u. J. R. Airey, „Phil. Mag.", vol. 36, p. 129, 1918.

[VI] Report of the Meetings of the British Association for the Advancement of Science, Leeds, p. 220, 1927.

[VII] D. R. Hartree, „Proc. Cambr. Phil. Soc.", vol. 24, p. 111ff., 1927.

[VIII] R. Gran Olsson, „Ingenieur-Archiv" 8, S. 99ff., 1937.

Herrn Prof. Dr. F. Hund bin ich für Themenstellung und ständige Beratung zu Dank verpflichtet. Der Sächsischen Akademie der Wissenschaften zu Leipzig habe ich für großzügige materielle Unterstützung zu danken.

$_1\bar{R}(n, l, x)$ $l = 0$

x	$n = 7/2$	$n = 3$	$n = 5/2$	$n = 2$	$n = 3/2$	$n = 1$	$n = 1/2$
0	1000 — 3	1000 — 3	1000 — 3	1000 — 3	1000 — 3	1000 — 3	1000 — 3
0,5	3516 — 4	4218 — 4	4992 — 4	5841 — 4	6771 — 4	7788 — 4	8897 — 4
1	2980 — 5	1011 — 4	1912 — 4	3033 — 4	4405 — 4	6065 — 4	8056 — 4
1,5	— 1028 — 4	— 5904 — 5	1206 — 5	1181 — 4	2680 — 4	4724 — 4	7436 — 4
2	— 1324 — 4	— 1226 — 4	— 8293 — 5	0000	1431 — 4	3679 — 4	7009 — 4
2,5	— 1117 — 4	— 1313 — 4	— 1244 — 4	— 7163 — 5	5340 — 5	2865 — 4	6753 — 4
3	— 7146 — 5	— 1116 — 4	— 1330 — 4	— 1116 — 4	— 1061 — 5	2231 — 4	6650 — 4
3,5	— 2864 — 5	— 7965 — 5	— 1228 — 4	— 1303 — 4	— 5593 — 5	1738 — 4	6697 — 4
4	8307 — 6	— 4511 — 5	— 1027 — 4	— 1353 — 4	— 8782 — 5	1353 — 4	6889 — 4
4,5	3604 — 5	— 1318 — 5	— 7848 — 5	— 1317 — 4	— 1102 — 4	1054 — 4	7231 — 4
5	5406 — 5	1368 — 5	— 5371 — 5	— 1231 — 4	— 1261 — 4	8208 — 5	7731 — 4
5,5	6338 — 5	3463 — 5	— 3037 — 5	— 1119 — 4	— 1378 — 4	6393 — 5	8407 — 4
6	6557 — 5	4979 — 5	— 9460 — 6	— 9957 — 5	— 1467 — 4	4979 — 5	9274 — 4
6,5	6242 — 5	5978 — 5	8618 — 6	— 8724 — 5	— 1543 — 4	3877 — 5	1037 — 3
7	5556 — 5	6543 — 5	2386 — 5	— 7549 — 5	— 1615 — 4	3020 — 5	1172 — 3
7,5	4638 — 5	6761 — 5	3650 — 5	— 6467 — 5	— 1690 — 4	2352 — 5	1339 — 3
8	3599 — 5	6716 — 5	4685 — 5	— 5495 — 5	— 1777 — 4	1832 — 5	1542 — 3
10	— 4292 — 6	5166 — 5	7304 — 5	— 2695 — 5	— 2335 — 4	6738 — 6	2904 — 3

$d/dx\,{}_1\overline{R}(n, l, x)$ $l = 0$

x	$n = 7/2$	$n = 3$	$n = 5/2$	$n = 2$	$n = 3/2$	$n = 1$	$n = 1/2$
0	— 1750 — 3	— 1500 — 3	— 1250 — 3	— 1000 — 3	— 7500 — 4	— 5000 — 4	— 2500 — 4
0,5	— 9137 — 4	— 8599 — 4	— 7834 — 4	— 6814 — 4	— 5511 — 4	— 3894 — 4	— 1929 — 4
1	— 4185 — 4	— 4549 — 4	— 4694 — 4	— 4549 — 4	— 4028 — 4	— 3033 — 4	— 1449 — 4
1,5	— 1400 — 4	— 2067 — 4	— 2620 — 4	— 2952 — 4	— 2926 — 4	— 2362 — 4	— 1038 — 4
2	4339 — 6	— 6131 — 5	— 1281 — 4	— 1839 — 4	— 2110 — 4	— 1839 — 4	— 6788 — 5
2,5	6850 — 5	1791 — 5	— 4447 — 5	— 1074 — 4	— 1511 — 4	— 1432 — 4	— 3553 — 5
3	8702 — 5	5578 — 5	5306 — 6	— 5578 — 5	— 1073 — 4	— 1116 — 4	— 531 — 5
3,5	8155 — 5	6878 — 5	3274 — 5	— 2172 — 5	— 7570 — 5	— 8689 — 5	2386 — 5
4	6520 — 5	6767 — 5	4576 — 5	0000	— 5318 — 5	— 6767 — 5	5317 — 5
4,5	4560 — 5	5929 — 5	4982 — 5	1317 — 5	— 3747 — 5	— 5270 — 5	8378 — 5
5	2685 — 5	4788 — 5	4858 — 5	2052 — 5	— 2686 — 5	— 4104 — 5	1168 — 4
5,5	1092 — 5	3596 — 5	4448 — 5	2397 — 5	— 2007 — 5	— 3196 — 5	1535 — 4
6	— 1522 — 6	2489 — 5	3904 — 5	2489 — 5	— 1616 — 5	— 2489 — 5	1952 — 4
6,5	— 1052 — 5	1535 — 5	3328 — 5	2423 — 5	— 1449 — 5	— 1939 — 5	2435 — 4
7	— 1646 — 5	7549 — 6	2778 — 5	2265 — 5	— 1454 — 5	— 1510 — 5	3004 — 4
7,5	— 1990 — 5	1470 — 6	2286 — 5	2058 — 5	— 1601 — 5	— 1176 — 5	3679 — 4
8	— 2139 — 5	— 3052 — 6	1867 — 5	1832 — 5	— 1868 — 5	— 9158 — 6	4487 — 4
10	— 1719 — 5	— 1011 — 5	947 — 5	1011 — 5	402 — 4	— 3369 — 6	982 — 3

$_2\overline{R}(n, l, x)$ $l = 0$

x	$n = 7/2$	$n = 3$	$n = 5/2$	$n = 2$	$n = 3/2$	$n = 1$	$n = 1/2$
0	$-\infty$	$-\infty$	$-\infty$	$-\infty$	$-\infty$	$-\infty$	$-\infty$
0,5	1525 — 4	9505 — 5	9561 — 6	— 1199 — 4	— 3271 — 4	— 7048 — 4	— 1683 — 3
1	2255 — 4	2359 — 4	2264 — 4	1829 — 4	7767 — 5	— 1589 — 4	— 8215 — 4
1,5	1339 — 4	1813 — 4	2202 — 4	2364 — 4	2015 — 4	4714 — 5	— 4966 — 4
2	3557 — 5	9504 — 5	1596 — 4	2163 — 4	2363 — 4	1475 — 4	— 3256 — 4
2,5	— 3499 — 5	1911 — 5	9131 — 5	1720 — 4	2338 — 4	2007 — 4	— 2227 — 4
3	— 7437 — 5	— 3576 — 5	3127 — 5	1227 — 4	2152 — 4	2300 — 4	— 1563 — 4
3,5	— 8834 — 5	— 6955 — 5	— 1574 — 5	7650 — 5	1904 — 4	2469 — 4	— 1117 — 4
4	— 8458 — 5	— 8589 — 5	— 4957 — 5	3633 — 5	1643 — 4	2577 — 4	— 8077 — 5
4,5	— 7002 — 5	— 8918 — 5	— 7186 — 5	3004 — 6	1394 — 4	2660 — 4	— 5897 — 5
5	— 5009 — 5	— 8352 — 5	— 8482 — 5	— 2385 — 5	1169 — 4	2744 — 4	— 4336 — 5
5,5	— 2865 — 5	— 7228 — 5	— 9065 — 5	— 4504 — 5	9707 — 5	2844 — 4	— 3208 — 5
6	— 8223 — 6	— 5802 — 5	— 9128 — 5	— 6156 — 5	8004 — 5	2972 — 4	— 2384 — 5
6,5	9725 — 6	— 4261 — 5	— 8832 — 5	— 7435 — 5	6562 — 5	3137 — 4	— 1779 — 5
7	2449 — 5	— 2728 — 5	— 8302 — 5	— 8436 — 5	5355 — 5	3349 — 4	— 1332 — 5
7,5	3588 — 5	— 1285 — 5	— 7635 — 5	— 9232 — 5	4353 — 5	3617 — 4	— 9999 — 6
8	4404 — 5	2375 — 7	— 6902 — 5	— 9894 — 5	3526 — 5	3950 — 4	— 7526 — 6
9	5214 — 5		— 5423 — 5		2295 — 5		— 4290 — 6
10	5220 — 5	45 — 3	— 4098 — 5	— 13 — 2	1481 — 5	62 — 2	— 2462 — 6
11	4752 — 5		— 3009 — 5		9493 — 6		— 1421 — 6
12	4065 — 5		— 2162 — 5		6052 — 6		— 8238 — 7
15	2024 — 5		— 7312 — 6		1530 — 6		— 1638 — 7

$d/dx\ {}_2\overline{R}(n, l, x)$ $\qquad l = 0$

x	$n = 7/2$	$n = 3$	$n = 5/2$	$n = 2$	$n = 3/2$	$n = 1$	$n = 1/2$
0	∞	∞	∞	∞	∞	∞	∞
0,5	6384 — 4	8123 — 4	1005 — 3	1230 — 3	1520 — 3	1987 — 3	3227 — 3
1	— 1151 — 4	— 1201 — 5	1099 — 4	2504 — 4	4108 — 4	6043 — 4	9380 — 4
1,5	— 2109 — 4	— 1641 — 4	— 9140 — 5	7974 — 6	1320 — 4	2759 — 4	4498 — 4
2	— 1728 — 4	— 1688 — 4	— 1373 — 4	— 7376 — 5	2234 — 5	1426 — 4	2586 — 4
2,5	— 1088 — 4	— 1319 — 4	— 1312 — 4	— 9748 — 5	— 2560 — 5	7741 — 5	1626 — 4
3	— 5085 — 5	— 8779 — 5	— 1076 — 4	— 9713 — 5	— 4568 — 5	4350 — 5	1076 — 4
3,5	— 7686 — 6	— 4868 — 5	— 8047 — 5	— 8694 — 5	— 5204 — 5	2608 — 5	7362 — 5
4	2041 — 5	— 1817 — 5	— 5542 — 5	— 7350 — 5	— 5152 — 5	1817 — 5	5152 — 5
4,5	3603 — 5	3619 — 6	— 3450 — 5	— 5996 — 5	— 4767 — 5	1612 — 5	3664 — 5
5	4241 — 5	1789 — 5	— 1810 — 5	— 4773 — 5	— 4241 — 5	1790 — 5	2639 — 5
5,5	4251 — 5	2623 — 5	— 5870 — 6	— 3738 — 5	— 3679 — 5	2240 — 5	1918 — 5
6	3872 — 5	3019 — 5	2810 — 6	— 2901 — 5	— 3136 — 5	2901 — 5	1405 — 5
6,5	3285 — 5	3107 — 5	8633 — 6	— 2252 — 5	— 2639 — 5	3745 — 5	1036 — 5
7	2615 — 5	2995 — 5	1224 — 5	— 1772 — 5	— 2200 — 5	4766 — 5	7672 — 6
7,5	1947 — 5	2762 — 5	1420 — 5	— 1437 — 5	— 1820 — 5	5978 — 5	5705 — 6
8	1331 — 5	2468 — 5	1496 — 5	— 1228 — 5	— 1496 — 5	7403 — 5	4260 — 6
9	3477 — 6		1425 — 5		— 9963 — 6		2395 — 6
10	— 2804 — 6	12 — 3	1212 — 5	— 12 — 3	— 6541 — 6	16 — 2	1360 — 6
11	— 6120 — 6		9649 — 6		— 4251 — 6		7778 — 7
12	— 7351 — 6		7351 — 6		— 2739 — 6		4475 — 7
12	— 5526 — 6		2772 — 6		— 7086 — 7		8751 — 8

$_1\overline{R}(n, l, x)$

	$l = 1$					$l = 2$		
x	$n = 7/2$	$n = 3$	$n = 5/2$	$n = 2$	$n = 3/2$	$n = 7/2$	$n = 3$	$n = 5/2$
0	0000	0000	0000	0000	0000	0000	0000	0000
0,5	1856 — 4	1704 — 4	1518 — 4	1298 — 4	1039 — 4	1904 — 5	1460 — 5	1059 — 5
1	2280 — 4	2274 — 4	2194 — 4	2022 — 4	1739 — 4	5656 — 5	4549 — 5	3454 — 5
1,5	1990 — 4	2214 — 4	2351 — 4	2362 — 4	2197 — 4	9413 — 5	7971 — 5	6359 — 5
2	1415 — 4	1839 — 4	2207 — 4	2452 — 4	2488 — 4	1231 — 4	1104 — 4	9286 — 5
2,5	7902 — 5	1343 — 4	1904 — 4	2388 — 4	2664 — 4	1407 — 4	1343 — 4	1197 — 4
3	2366 — 5	8367 — 5	1533 — 4	2231 — 4	2766 — 4	1470 — 4	1506 — 4	1428 — 4
3,5	— 1955 — 5	3801 — 5	1150 — 4	2027 — 4	2823 — 4	1437 — 4	1596 — 4	1619 — 4
4	— 4962 — 5	0000	7863 — 5	1804 — 4	2857 — 4	1332 — 4	1624 — 4	1772 — 4
4,5	— 6761 — 5	— 2964 — 5	4597 — 5	1581 — 4	2884 — 4	1177 — 4	1601 — 4	1891 — 4
5	— 7558 — 5	— 5130 — 5	1767 — 5	1368 — 4	2915 — 4	9916 — 5	1539 — 4	1983 — 4
5,5	— 7582 — 5	— 6592 — 5	— 6200 — 6	1172 — 4	2961 — 4	7932 — 5	1450 — 4	2054 — 4
6	— 7045 — 5	— 7468 — 5	— 2592 — 5	9957 — 5	3028 — 4	5933 — 5	1344 — 4	2109 — 4
6,5	— 6143 — 5	— 7876 — 5	— 4196 — 5	8401 — 5	3124 — 4	4014 — 5	1229 — 4	2157 — 4
7	— 5026 — 5	— 7927 — 5	— 5487 — 5	7046 — 5	3255 — 4	2232 — 5	1110 — 4	2201 — 4
7,5	— 3812 — 5	— 7717 — 5	— 6522 — 5	5879 — 5	3427 — 4	6209 — 6	9922 — 5	2248 — 4
8	— 2588 — 5	— 7326 — 5	— 7355 — 5	4884 — 5	3646 — 4	— 8061 — 6	8792 — 5	2301 — 4
10	1537 — 5	— 5053 — 5	— 9599 — 5	2246 — 5	5166 — 4	— 4790 — 5	5053 — 5	2660 — 4

$d/dx_1\, \overline{R}(n, l, x)$

x	$l = 1$, $n = 7/2$	$l = 1$, $n = 3$	$l = 1$, $n = 5/2$	$l = 1$, $n = 2$	$l = 1$, $n = 3/2$	$l = 2$, $n = 7/2$	$l = 2$, $n = 3$	$l = 2$, $n = 5/2$
0	5833 — 4	5000 — 4	4167 — 4	3333 — 4	2500 — 4	0000	0000	0000
0,5	1976 — 4	2069 — 4	2064 — 4	1947 — 4	1701 — 4	6492 — 5	5111 — 5	3800 — 5
1	— 4836 — 6	3791 — 5	7451 — 5	1011 — 4	1130 — 4	7928 — 5	6823 — 5	5510 — 5
1,5	— 9694 — 5	— 5166 — 5	— 4510 — 6	3936 — 5	7280 — 5	6828 — 5	6643 — 5	5952 — 5
2	— 1256 — 4	— 9197 — 5	— 4848 — 5	0000	4516 — 5	4685 — 5	5518 — 5	5669 — 5
2,5	— 1204 — 4	— 1030 — 4	— 6977 — 5	— 2388 — 5	2673 — 5	2342 — 5	4029 — 5	5019 — 5
3	— 9942 — 5	— 9762 — 5	— 7684 — 5	— 3719 — 5	1509 — 5	2334 — 6	2510 — 5	4225 — 5
3,5	— 7317 — 5	— 8417 — 5	— 7544 — 5	— 4344 — 5	8474 — 6	— 1454 — 5	1140 — 5	3426 — 5
4	— 4902 — 5	— 6767 — 5	— 6935 — 5	— 4511 — 5	5564 — 6	— 2676 — 5	0000	2699 — 5
4,5	— 2521 — 5	— 5105 — 5	— 6106 — 5	— 4392 — 5	5432 — 6	— 3464 — 5	— 8893 — 6	2085 — 5
5	— 7422 — 6	— 3591 — 5	— 5212 — 5	— 4104 — 5	7421 — 6	— 3886 — 5	— 1539 — 5	1600 — 5
5,5	5814 — 6	— 2297 — 5	— 4346 — 5	— 3729 — 5	1109 — 5	— 4020 — 5	— 1978 — 5	1246 — 5
6	1494 — 5	— 1245 — 5	— 3558 — 5	— 3319 — 5	1616 — 5	— 3940 — 5	— 2240 — 5	1017 — 5
6,5	2064 — 5	— 4241 — 6	— 2876 — 5	— 2908 — 5	2250 — 5	— 3715 — 5	— 2363 — 5	9033 — 6
7	2364 — 5	1887 — 6	— 2308 — 5	— 2516 — 5	3005 — 5	— 3401 — 5	— 2378 — 5	8949 — 6
7,5	2461 — 5	6247 — 6	— 1851 — 5	— 2156 — 5	3885 — 5	— 3041 — 5	— 2315 — 5	9816 — 6
8	2416 — 5	9158 — 6	— 1499 — 5	— 1832 — 5	4906 — 5	— 2668 — 5	— 2198 — 5	1155 — 5
10	1631 — 5	1179 — 5	— 9444 — 6	— 8984 — 6	1090 — 4	— 1409 — 5	— 1516 — 5	265 — 4

$_2\overline{R}(n, l, x)$

x	$l = 1$: $n = 7/2$	$l = 1$: $n = 3$	$l = 1$: $n = 5/2$	$l = 1$: $n = 2$	$l = 1$: $n = 3/2$	$l = 2$: $n = 7/2$	$l = 2$: $n = 3$	$l = 2$: $n = 5/2$
0	—∞	—∞	—∞	—∞	—∞	—∞	—∞	—∞
0,5	— 5632 — 4	— 7162 — 4	— 9688 — 4	— 1480 — 3	— 3059 — 3	— 3679 — 3	— 6455 — 3	—1781—2
1	— 1739 — 4	— 2564 — 4	— 3743 — 4	— 5778 — 4	— 1126 — 3	— 7803 — 4	— 1311 — 3	—3129—3
1,5	— 1456 — 5	— 8086 — 5	— 1751 — 4	— 3258 — 4	— 6794 — 4	— 3821 — 4	— 6041 — 4	—1321—3
2	6883 — 5	1968 — 5	— 5928 — 5	— 1901 — 4	— 4789 — 4	— 2370 — 4	— 3776 — 4	—7880—4
2,5	1058 — 4	7742 — 5	1621 — 5	— 9939 — 5	— 3594 — 4	— 1519 — 4	— 2639 — 4	—5559—4
3	1126 — 4	1061 — 4	6526 — 5	— 3416 — 5	— 2778 — 4	— 8970 — 5	— 1895 — 4	—4275—4
3,5	1010 — 4	1148 — 4	9538 — 5	1392 — 5	— 2178 — 4	— 4058 — 5	— 1316 — 4	—3440—4
4	7940 — 5	1102 — 4	1118 — 4	4956 — 5	— 1721 — 4	— 1460 — 6	— 8770 — 5	—2836—4
4,5	5382 — 5	9762 — 5	1184 — 4	7594 — 5	— 1366 — 4	2907 — 5	— 4988 — 5	—2366—4
5	2815 — 5	8055 — 5	1182 — 4	9543 — 5	— 1086 — 4	5201 — 5	— 1828 — 5	—1986—4
5,5	4748 — 6	6164 — 5	1135 — 4	1099 — 4	— 8642 — 5	6833 — 5	8050 — 6	—1671—4
6	— 1514 — 5	4263 — 5	1060 — 4	1208 — 4	— 6880 — 5	7901 — 5	2982 — 5	—1406—4
6,5	— 3103 — 5	2463 — 5	9692 — 5	1292 — 4	— 5477 — 5	8503 — 5	4767 — 5	—1182—4
7	— 4294 — 5	8228 — 6	8717 — 5	1361 — 4	— 4359 — 5	8731 — 5	6224 — 5	—9916—5
7,5	— 5118 — 5	— 6256 — 6	7737 — 5	1423 — 4	— 3468 — 5	8670 — 5	7404 — 5	—8303—5
8	— 5624 — 5	— 1877 — 5	6792 — 5	1483 — 4	— 2757 — 5	8394 — 5	8363 — 5	—6936—5
9	— 5894 — 5		5098 — 5		— 1740 — 5	7436 — 5		—4808—5
10	— 5509 — 5	— 60 — 3	3724 — 5	18 — 2	— 1096 — 5	6235 — 5	12 — 2	—3302—5
11	— 4794 — 5		2664 — 5		— 6887 — 6	5023 — 5		—2250—5
12	— 3969 — 5		1874 — 5		— 4318 — 6	3924 — 5		—1521—5
15	— 1860 — 5		6065 — 6		— 1054 — 6	1643 — 5		—4528—6

$d/dx\ {}_2\bar{R}(n, l, x)$

	$l = 1$					$l = 2$		
x	$n = 7/2$	$n = 3$	$n = 5/2$	$n = 2$	$n = 3/2$	$n = 7/2$	$n = 3$	$n = 5/2$
0	∞	∞	∞	∞	∞	∞	∞	∞
0,5	1534 — 3	1933 — 3	2676 — 3	4320 — 3	9696 — 3	1836 — 2	3626 — 2	9514 — 2
1	4381 — 4	4821 — 4	5637 — 4	7607 — 4	1465 — 3	1506 — 3	2757 — 3	7198 — 3
1,5	2330 — 4	2585 — 4	2899 — 4	3450 — 4	5474 — 4	4171 — 4	6945 — 4	1706 — 3
2	1139 — 4	1524 — 4	1847 — 4	2163 — 4	2969 — 4	2084 — 4	2979 — 4	6525 — 4
2,5	3928 — 5	8286 — 5	1214 — 4	1521 — 4	1933 — 4	1420 — 4	1768 — 4	3298 — 4
3	— 8142 — 6	3476 — 5	7715 — 5	1113 — 4	1383 — 4	1098 — 4	1269 — 4	2011 — 4
3,5	— 3559 — 5	2230 — 6	4504 — 5	8246 — 5	1039 — 4	8763 — 5	1004 — 4	1395 — 4
4	— 4876 — 5	— 1858 — 5	2188 — 5	6111 — 5	8020 — 5	6929 — 5	8269 — 5	1053 — 4
4,5	— 5226 — 5	— 3073 — 5	5555 — 6	4519 — 5	6284 — 5	5315 — 5	6905 — 5	8386 — 5
5	— 4965 — 5	— 3668 — 5	— 5546 — 6	3408 — 5	4965 — 5	3893 — 5	5767 — 5	6892 — 5
5,5	— 4356 — 5	— 3838 — 5	— 1270 — 5	2489 — 5	3941 — 5	2667 — 5	4787 — 5	5765 — 5
6	— 3584 — 5	— 3729 — 5	— 1694 — 5	1895 — 5	3146 — 5	1638 — 5	3943 — 5	4867 — 5
6,5	— 2773 — 5	— 3455 — 5	— 1907 — 5	1507 — 5	2499 — 5	8008 — 6	3222 — 5	4125 — 5
7	— 2002 — 5	— 3093 — 5	— 1972 — 5	1286 — 5	1992 — 5	1410 — 6	2618 — 5	3500 — 5
7,5	— 1313 — 5	— 2699 — 5	— 1936 — 5	1200 — 5	1588 — 5	— 3601 — 6	2122 — 5	2967 — 5
8	— 7283 — 6	— 2311 — 5	— 1835 — 5	1228 — 5	1266 — 5	— 7242 — 6	1728 — 5	2511 — 5
9	1200 — 6		— 1538 — 5		8029 — 6	— 1129 — 5		1784 — 5
10	5952 — 6	— 96 — 4	— 1212 — 5	21 — 3	5081 — 6	— 1235 — 5	76 — 4	1254 — 5
11	7988 — 6		— 9164 — 6		3207 — 6	— 1169 — 5		8722 — 6
12	8296 — 6		— 6727 — 6		2020 — 6	— 1020 — 5		6008 — 6
15	5454 — 6		— 2367 — 6		4979 — 7	— 5181 — 6		1866 — 6

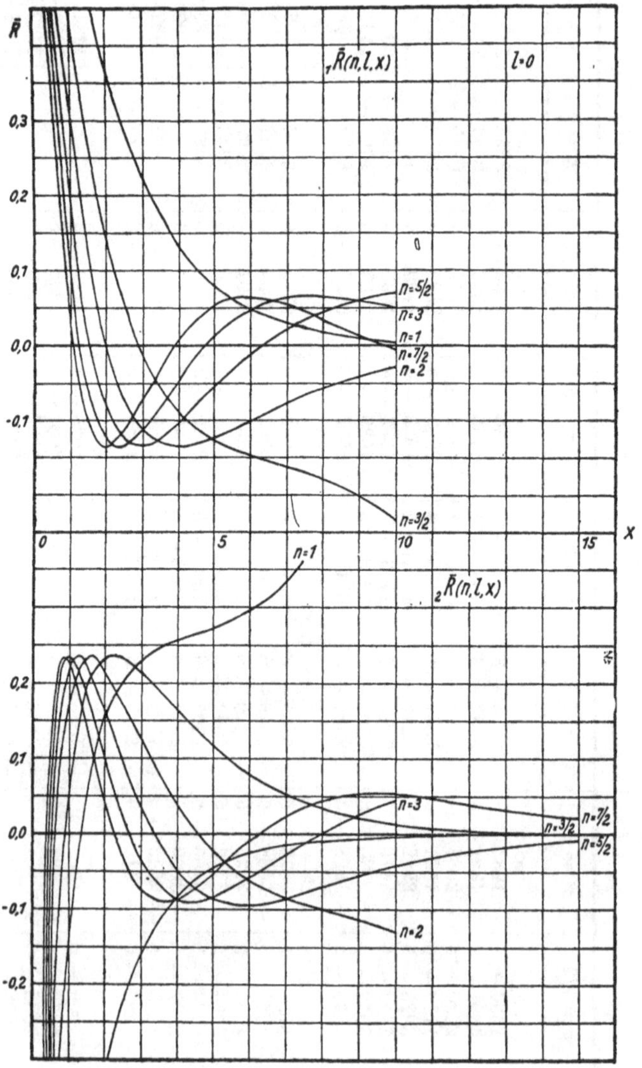

R̄
₁R̄(n,l,x)
l=0
0,3
0,2
0,1
0,0
-0,1
n=5/2
n=3
n=1
n=7/2
n=2
n=3/2
0
5
10
15
x
n=1
₂R̄(n,l,x)
0,2
0,1
0,0
-0,1
-0,2
n=3
n=3/2
n=7/2
n=5/2
n=2

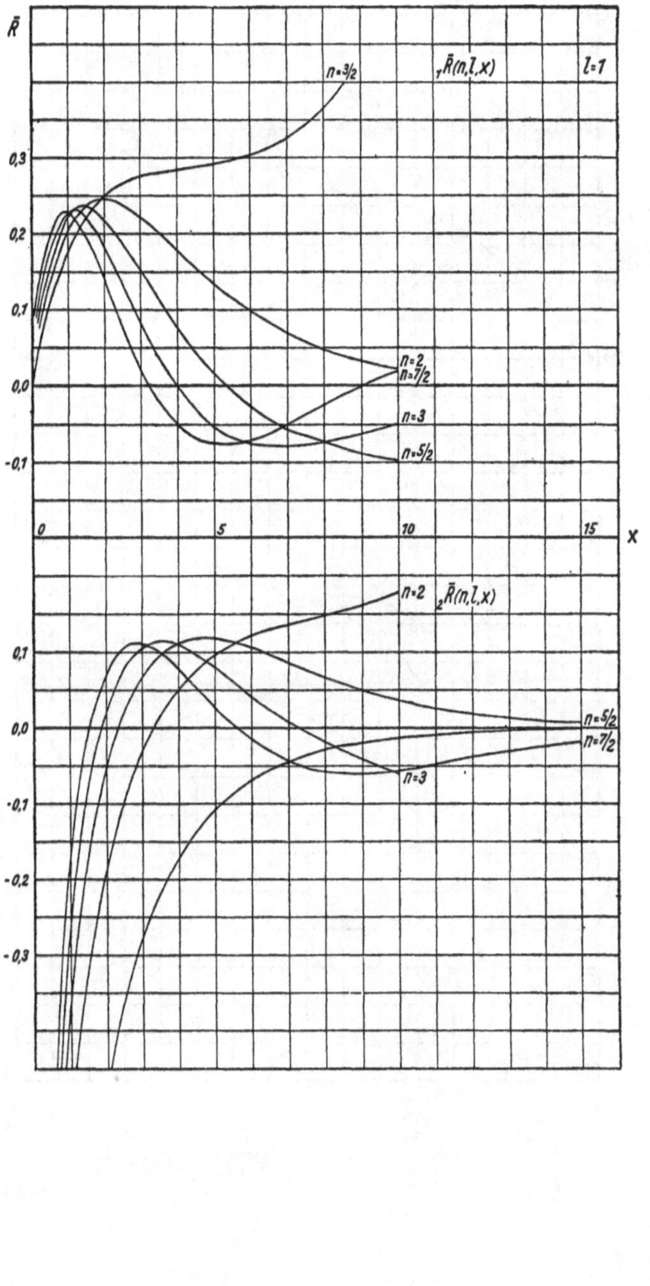

R̄
0,3
0,2
0,1
0,0
-0,1
0,1
0,0
-0,1
-0,2
-0,3
0
5
10
15
x
n=3/2
$_1\bar{R}(n,l,x)$
l=1
n=2
n=7/2
n=3
n=5/2
n=2
$_2\bar{R}(n,l,x)$
n=5/2
n=7/2
n=3

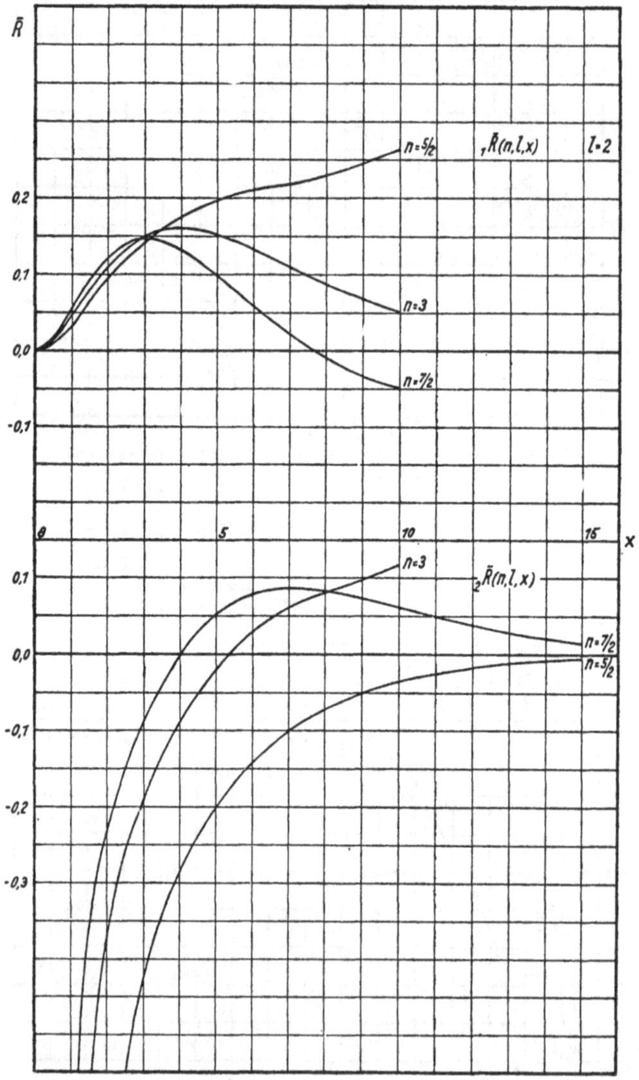
R̄
0,2
0,1
0,0
-0,1
n=5/2
$_1\bar{R}(n,l,x)$
l=2
n=3
n=7/2
0
5
10
15
x
0,1
0,0
-0,1
-0,2
-0,3
n=3
$_2\bar{R}(n,l,x)$
n=7/2
n=5/2

BERICHTE ÜBER DIE VERHANDLUNGEN DER SÄCHSISCHEN AKADEMIE DER WISSENSCHAFTEN ZU LEIPZIG

MATHEMATISCH-NATURWISSENSCHAFTLICHE KLASSE

Erich Strack
Beobachtungen über den endogenen Anteil des Kot-Stickstoffes. DM 2.50

Ernst Hölder
Über die Variationsprinzipe der Mechanik der Kontinua. DM 2.75

H. Gerstner, H. Baark, H. Graul
Der Wechselstromwiderstand der Froschhaut. DM 2.75

Enno Heidebroek
Das Verhalten von zähen Flüssigkeiten, insbesondere Schmierflüssigkeiten, in engen Spalten. DM 5.80

Herbert Beckert:
Existenz- und Eindeutigkeitsbeweise für das Differenzenverfahren zur Lösung des Anfangswertproblems, des gemischten Anfangs-Randwert- und des charakteristischen Problems einer hyperbolischen Differentialgleichung zweiter Ordnung mit zwei unabhängigen Variablen. DM 9.—

Herbert Beckert
Über quasilineare hyperbolische Systeme partieller Differentialgleichungen 1. Ordnung mit zwei unabhängigen Variablen. Das Anfangswertproblem, die gemischte Anfangs-Randwertaufgabe,das charakteristische Problem. DM 14.50

Hans Schubert
Über eine lineare Integrodifferentialgleichung mit Zusatzkern. DM 9.25

Walter Schnee
Über magische Quadrate und lineare Gitterpunktprobleme (im Druck)

Enno Heidebroek
Über die Beziehungen zwischen Reibung und Verschleiß bei geschmierter Gleitreibung (im Druck)

Bestellungen an eine wissenschaftliche Buchhandlung oder an den Verlag erbeten

---

AKADEMIE-VERLAG · BERLIN NW 7

ABHANDLUNGEN DER SÄCHSISCHEN
AKADEMIE DER WISSENSCHAFTEN ZU LEIPZIG

MATHEMATISCH-NATURWISSENSCHAFTLICHE KLASSE

GÜNTHER STERBA

Untersuchungen über die morphologischen und histogenetischen Thymusprobleme bei Xenopus laevia daudin nebst einigen Bemerkungen über die Morphologie der Kaulquappen

Bestell- und Verlagsnummer 2025/44/1 *(Im Druck)*

HELMUT HASSE

Zahlentheorie

Dieses Werk, das zu einer Gesamtdarstellung der modernen Zahlentheorie ausgebaut werden soll, enthält die Arithmetik des rationalen Zahlenkörpers, eine ausführliche Theorie der diskret bewerteten perfekten Körper mit endlichem Restklassenkörper und – auf dieser Grundlage entwickelt – die Arithmetik der algebraischen Zahlkörper unter Berücksichtigung auch der algebraischen Funktionenkörper einer Unbestimmten mit endlichem Konstantenkörper.

XII und 470 Seiten · 1949 · brosch. DM 44.– · gebd. DM 47.–

Bestellungen an eine wissenschaftliche Buchhandlung oder an den Verlag erbeten

---

AKADEMIE-VERLAG · BERLIN NW 7

FSC
www.fsc.org
MIX
Papier | Fördert gute Waldnutzung
FSC® C083411

Kolibri 360 GmbH
Ferdinand-Jühlke-Straße 7
99095 Erfurt, Deutschland
produktsicherheit@kolibri360.de